高等教育规划教材

数据库技术与 Access 2013 应用教程

第 2 版

程云志 陆亚洲 李 俊 等编著

机 械 工 业 出 版 社

园林植物基础

任 务 书

班别＿＿＿＿＿＿

姓名＿＿＿＿＿＿

学号＿＿＿＿＿＿

机 械 工 业 出 版 社

目　　录

学习单元一　感知园林植物任务书

项目一　感知周围的园林植物任务书 ·················· 1
　　任务一　感知校园园林植物任务书 ·················· 1
　　任务二　感知公园园林植物任务书 ·················· 4
项目二　认知植物器官任务书 ·················· 6
　　任务一　认知营养器官任务书 ·················· 6
　　任务二　认知生殖器官任务书 ·················· 9
项目三　学习使用显微镜任务书 ·················· 11
　　任务　观察植物的组织和细胞任务书 ·················· 11

学习单元二　识别园林植物任务书

项目一　识别露地冬态园林植物任务书 ·················· 13
　　任务一　识别露地冬态园林植物（枝、干、芽）任务书 ·················· 13
　　任务二　识别露地冬态园林植物（果实）任务书 ·················· 15
项目二　识别夏态园林植物任务书 ·················· 17
　　任务一　识别温室观花园林植物任务书 ·················· 17
　　任务二　识别温室观叶园林植物任务书 ·················· 20
　　任务三　识别露地夏态常绿园林植物任务书 ·················· 22
　　任务四　识别露地夏态早春观花园林植物任务书 ·················· 24
　　任务五　识别露地夏态落叶园林植物任务书 ·················· 26

学习单元三　监测园林植物任务书

项目一　观测光照对植物生长的影响任务书 ·················· 30
　　任务一　观测光照对一串红生长的影响任务书 ·················· 30
　　任务二　观测光照对玉簪生长的影响任务书 ·················· 32
项目二　观测水分对植物生长的影响任务书 ·················· 34
　　任务一　观测干旱对月季和银杏生长的影响任务书 ·················· 34
　　任务二　观测水涝对一串红生长的影响任务书 ·················· 36
项目三　观测温度对植物生长的影响任务书 ·················· 38
　　任务一　观测冬季升温对一品红生长的影响任务书 ·················· 38
　　任务二　观测夏季降温对百合生长的影响任务书 ·················· 40
项目四　观测施肥对植物生长的影响任务书 ·················· 42
　　任务一　观测施肥对一串红生长的影响任务书 ·················· 42

　　任务二　观测施铁肥对水培富贵竹生长的影响任务书 ……………………… 44

　　任务三　观测温室增加二氧化碳浓度对草莓生长的影响任务书 ………………… 46

项目五　观测植物激素和生长调节剂对植物生长的影响任务书 ……………… 48

　　任务一　观测吲哚丁酸对月季插条生根的影响任务书 ……………………… 48

　　任务二　观测 B_9 对案头菊矮化的影响任务书……………………………… 50

学习单元一　感知园林植物任务书

项目一　感知周围的园林植物任务书

任务一　感知校园园林植物任务书

班级：　　　　组别：　　　　组长：　　　　组员：

表 1-1-1　感知校园园林植物种类分类表

序号	植物名称	植物类别特征															
		草本						草本			木本				观赏部位						栽培条件	

序号	植物名称	草本			木本				观赏部位						栽培条件	
		一年生	两年生	多年生	乔木	灌木	藤木	匍地	观花	观叶	观茎	观果	观姿	观其他	温室	露地
1	刺槐															
2	栾树															
3	白蜡															
4	雪松															
5	油松															
6	泡桐															
7	珍珠梅															
8	红瑞木															
9	金银木															
10	白皮松															
11	侧柏															
12	桧柏															
13	美国凌霄															
14	砂地柏															
15	小叶黄杨															
16	西府海棠															
17	银杏															
18	毛白杨															
19	垂柳															

植物类别特征

草本														
木本														

序号	植物名称	草本			木本				观赏部位						栽培条件	
		一年生	两年生	多年生	乔木	灌木	藤木	匍地	观花	观叶	观茎	观果	观姿	观其他	温室	露地
20	玉兰															
21	华山松															
22	苏铁															
23	榆叶梅															
24	紫薇															
25	连翘															
26	一串红															
27	芍药															
28	紫丁香															
29	金银花															
30	玉簪															
31	牡丹															
32	早熟禾															
33	碧桃															
34	大花萱草															
35	虞美人															
36	地锦															
37	鸢尾															
38	铺地柏															
39	美人蕉															
40	矮牵牛															

注：在相应的类别位置打"√"。

表 1-1-2　　感知校园园林植物种类考评表

评价项目	评分标准	分值	小组自评（30%）	组间互评（30%）	教师评（40%）
职业素养（30分）	提前到达学习场地，做好学习准备，积极参与整个学习活动	15		平均分：	
	服从安排，团队合作意识强	10		平均分：	
	文明感知，爱护实习材料，不攀折花木	5		平均分：	

评价项目	评分标准	分值	小组自评（30%）	组间互评（30%）	教师评（40%）
专业能力（40分）	能够利用学习资料通过小组学习在规定时间内完成任务	10		平均分：	
	能根据植物类别特征进行准确判别	30		平均分：	
理论素养（30分）	表格填写内容正确，字迹整齐、美观	10		平均分：	
	独立通过专业理论知识检测	20		平均分：	
合计		100			
成绩					
否定项		由于学生不遵守实习要求而引发安全事故，伤及自己或他人，则小组此次成绩记为零			

注：考评满分为100分，85分及以上为优秀；75~84分为良好；60~74分为及格；60分以下为不及格。

感知校园园林植物课后训练

1. 园林植物通常包括（　　　）、（　　　）和地被植物。

2. 园林植物的分类方法归纳起来分为两种，即（　　　）和自然分类法。

3. 人为分类法是人们按照自己的目的，选择植物的一个或几个形态特征或（　　　）作为分类的依据，按照一定顺序排列起来的分类方法。

4. 自然分类法是依据植物进化趋向和（　　　）进行分类的方法。是植物学中采用的主要分类方法。

5. 园林植物按茎的木质化程度分为（　　　）和木本植物。

6. 球根园林植物依据球根地下膨大部分形态特征又分为五种类型：即（　　　）、（　　　）、（　　　）、根茎和块根。

7. 园林树木根据其形态又可分为（　　　）、灌木类、藤木类和（　　　）。

8. 园林植物按观赏部位分为观花类、（　　　）、（　　　）、观果类、观姿类等。

9. 举例说明常见的温室园林植物。

10. 举例说明常见的木本园林植物。

任务二　感知公园园林植物任务书

班级：　　　　组别：　　　　组长：　　　　组员：

表1-1-3　感知公园园林植物种类分类表

序号	植物名称	草本			木本				裸子	被子
		一年生	两年生	多年生	乔木	灌木	藤木	匍地		
1										
2										
3										
4										
5										
6										
7										
8										
9										
10										
11										
12										
13										
14										
15										
16										
17										
18										
19										
20										
21										
22										
23										
24										
25										
26										
27										
28										
29										
30										

注：将小组感知的园林植物种类写在序号后，并在相应的类别位置打"√"。

表 1-1-4　感知公园园林植物种类分类考评表

评价项目	评分标准	分值	小组自评（30%）	组间互评（30%）		教师评（40%）
职业素养（30分）	提前到达学习场地，做好学习准备，积极参与整个学习活动	15				
				平均分：		
	服从安排，团队合作意识强	10				
				平均分：		
	爱护实习材料，不攀折花木	5				
				平均分：		
专业能力（40分）	能够利用学习资料通过小组学习在规定时间内完成任务	10				
				平均分：		
	能根据植物类别特征进行准确判别	30				
				平均分：		
理论素养（30分）	表格填写正确，字迹整齐	10				
				平均分：		
	独立通过专业理论知识检测	20				
				平均分：		
合计		100				
成绩						
否定项		由于学生不遵守实习要求而引发安全事故，伤及自己或他人，则小组此次成绩记为零				

注：考评满分为100分，85分及以上为优秀；75～84分为良好；60～74分为及格；60分以下为不及格。

感知公园园林植物课后训练

1. （　　　　）是当今地球上占有绝对优势的类群。根据种子的外面是否有果皮包被，种子植物可分为裸子植物和（　　　　）两大类。

2. （　　　）是植物分类的基本单位。

3. 植物的学名采用瑞典植物学家林奈所提出的（　　　）法，由两个拉丁词组成。第一个词为（　　　）名，第二个词是种名，一个完整的学名还要在种名之后附以命名人的姓氏缩写。

4. 侧柏、（　　　）等耐修剪又有很强的耐阴性，常用作绿篱树种，也宜作桩景、盆景材料。

5. 银杏叶（　　　）形，树姿雄伟壮丽，叶形秀美，寿命既长又少病虫害，最适于作（　　　）、（　　　）或独赏树。

6. 兰科为被子植物第（　　　）大科、单子叶植物纲中最大的科。

7. 禾本科识别要点：草本。秆常圆柱形，节间常（　　　），（　　　）果。

8. 天南星科识别要点：草本。叶具网状脉，（　　　）花序，通常具彩色（　　　）。

9. 菊科的识别要点：多草本；（　　　）花序；聚药雄蕊。（　　　）果顶端常有冠毛或鳞片。

10. 园林植物在城市建设中的作用有哪些？

项目二　认知植物器官任务书

任务一　认知营养器官任务书

班级：　　　　组别：　　　　组长：　　　　组员：

表 1-2-1　植物茎的形态观察记录表

形态特征 植物名称	茎的种类			茎的分枝方式 （单轴、合轴、假二叉分枝）
	外观形状	生长习性	木质化程度	
一串红				
毛白杨				
紫丁香				
紫薇				
旱伞草				
月季				
紫荆				
牡丹				
芍药				
萱草				
紫藤				
雪松				
地锦				
榆叶梅				
鸡冠花				
草莓				

表 1-2-2　植物叶的形态观察记录表

形态特征 植物名称	单叶或 复叶（类型）	叶序	完全叶或 不完全叶	叶片的形态				
				叶形	叶缘	叶尖	叶基	叶脉
月季								
丁香								
木槿								

形态特征 植物名称	单叶或复叶（类型）	叶序	完全叶或不完全叶	叶片的形态				
				叶形	叶缘	叶尖	叶基	叶脉
菊花								
大叶黄杨								
国槐								
刺槐								
银杏								
鹅掌柴								
夹竹桃								
扶桑								
碧桃								
合欢								
南天竹								
紫荆								
马蹄莲								
柳树								
华山松								
侧柏								
柑橘								
大豆								
迎春								
连翘								
百合								
蒲葵								
棕竹								
玉簪								
铺地柏								
鸢尾								
吊兰								

表 1-2-3　观察植物营养器官形态考评表

评价项目	评分标准	分值	小组自评（30%）	组间互评（30%）	教师评（40%）
职业素养（30分）	提前到达学习场地，做好学习准备，积极参与整个学习活动	15		平均分：	
	服从安排，团队合作意识强	10		平均分：	
	爱护实习材料，不攀折花木	5		平均分：	

评价项目	评分标准	分值	小组自评（30%）	组间互评（30%）	教师评（40%）
专业能力（40分）	能够利用学习资料通过小组学习在规定时间内完成任务	10			
				平均分：	
	能根据营养器官特征，运用形态学术语进行准确描述	30			
				平均分：	
理论素养（30分）	表格填写正确，字迹整齐	10			
				平均分：	
	独立通过专业理论知识检测	20			
				平均分：	
合计		100			
成绩					
否定项		由于学生不遵守实习要求而引发安全事故，伤及自己或他人，则小组此次成绩记为零			

注：考评满分为100分，85分及以上为优秀；75～84分为良好；60～74分为及格；60分以下为不及格。

认知营养器官课后训练

1. 根据发生部位的不同，植物的根可分为定根和（　　　　　）两大类。定根又可分为（　　　　）和（　　　　）。

2. 一株植物地下部分根的总体称为（　　　　），通常可分为（　　　　）和（　　　　）两种类型。

3. 根据芽的性质，可将芽分为（　　　　）、（　　　　）和混合芽。

4. 根据芽的结构可将芽分为（　　　　）和（　　　　）。大多数在温带生长的木本植物秋冬季形成的芽属于（　　　　）。

5. 叶片与枝条之间所形成的夹角称为（　　　　）。

6. 在枝条上，叶脱落后留下的疤痕称为（　　　　）。

7. 温带落叶树木的冬芽每年春天萌发，因此可以根据（　　　　）的数目判断枝条的年龄。

8. 一般来说，植物的顶芽活动力最强，离顶芽越远的（　　　　），活动力便越弱。

9. 植物根、茎、叶的最主要功能分别是什么？

10. 研究茎的分枝方式在生产上有何重要的实践意义？

任务二　认知生殖器官任务书

班级：　　　　　组别：　　　　　组长：　　　　　组员：

表 1-2-4　常见园林植物花的形态观察记录表

各部分类型 植物名称	完全花或 不完全花	两性花或 单性花、 无性花	花萼 （数目、离合）	花冠 （形状、 离合、数目）	雄蕊 （数目、类型）	单生花或 花序类型
桃花						
刺槐						
百合						
黄瓜						
紫罗兰						
牵牛花						
毛白杨						
马蹄莲						
一串红						
菊花						
山楂						
珍珠梅						
君子兰						
扶桑						
月季						
玉兰						
无花果						
唐菖蒲						

表 1-2-5　观察植物生殖器官形态考评表

评价 项目	评分标准	分值	小组自评 （30%）	组间互评 （30%）	教师评 （40%）
职业 素养 （30分）	提前到达学习场地，做好学习准备，积极参与整个学习活动	15		平均分：	
	服从安排，团队合作意识强	10		平均分：	
	爱护实习材料，注意安全	5		平均分：	
专业 能力 （40分）	能够利用学习资料通过小组学习在规定时间内完成任务	10		平均分：	
	能根据生殖器官形态特征，运用学术语言进行准确描述	30		平均分：	

评价项目	评分标准	分值	小组自评（30%）	组间互评（30%）	教师评（40%）
理论素养（30分）	表格填写正确，字迹整齐	10		平均分：	
	独立通过专业理论知识检测	20		平均分：	
合计		100			
成绩					
否定项		由于学生不遵守实习要求而引发安全事故，伤及自己或他人，则小组此次成绩记为零			

注：考评满分为100分，85分及以上为优秀；75~84分为良好；60~74分为及格；60分以下为不及格。

认知生殖器官课后训练

1. 植物种子通常由（　　　）、（　　　）和（　　　）三部分组成。

2. 根据种子结构的不同，通常把种子分为（　　　　　　）和（　　　　　　）两种类型。

3. 受精后，（　　　　　）发育成果实，（　　　　　）发育成种子。

4. 由整个花序发育形成的果实叫（　　　　），如（　　　　　）。

5. 草莓的果实属于（　　　　　）类型，玉兰的果实属于（　　　　）类型。

6. （　　　）果是禾本科植物特有的果实类型，荚果是（　　　　）科植物特有的。

7. 雌蕊位于花的中央部分，为花中最重要的部分之一，由（　　　）、（　　　）和子房三部分组成。

8. 对植物而言，雄花和雌花分别生于不同的植株上，称为（　　　　　　），常见的如（　　　）、（　　　）等植物。

9. 为什么说胚是种子中最重要的组成部分？

10. 如何区分真果、假果？举例说明。

项目三 学习使用显微镜任务书

任务 观察植物的组织和细胞任务书

班级： 组别： 姓名

表 1-3-1 使用显微镜观察植物组织和细胞考评表

评价项目	评分标准	分值	个人自评 (30%)	组内互评 (30%)	教师评价 (40%)
职业素养 (30)	提前到达实验室，做好实验前各项准备，积极参与整个学习活动	15			
	服从安排，合作意识强	10			
	爱护实验用具和材料，注意安全，做到完工清场	5			
专业能力 (40)	能够利用学习资料通过小组学习在规定时间内完成任务	10			
	显微镜使用规范，保养措施得当	15			
	生物绘图符合整体要求	15			
理论素养 (30)	绘图美观、符合实际，注明准确	10			
	独立通过专业理论知识检测	20			
合计		100			
成绩					
否定项		由于学生不遵守实习要求而引发安全事故，伤及自己或他人，则小组此次成绩记为零			

注：考评满分为 100 分，85 分及以上为优秀；75~84 分为良好；60~74 分为及格；60 分以下为不及格。

观察植物的组织和细胞课后训练

1. 植物细胞就是植物体（ ）和（ ）的基本单位。

2.（ ）被认为是细胞的控制中心，在细胞的（ ）和代谢方面，起着主导作用。

3. 一个成熟细胞的细胞壁可分为三层，即（ ）、初生壁和（ ）。

4.（ ）是细胞进行呼吸作用的主要场所。

5. 分生组织是指所有具有（ ）能力的细胞组成的细胞群。根据所处的位置不同，分生组织可分为（ ）分生组织、侧生分生组织和（ ）分生组织三种类型。

6. 导管和管胞是木质部中专门输送（ ）的机构。

7. （　　　　）组织主要特征是有加厚的细胞壁。由于增厚的不同，可分为（　　　）和（　　　）两类。

8. 有些（　　　　）组织一定的条件下，能重新恢复分裂能力，形成分生组织。

9. 液泡在植物生活中有哪些作用？

10. 显微镜应如何进行保养？

11. 绘制 3 个洋葱鳞茎表皮细胞结构图，并注明各部分名称。

学习单元二　识别园林植物任务书

项目一　识别露地冬态园林植物任务书

任务一　识别露地冬态园林植物（枝、干、芽）任务书

班级：　　　组别：　　　组长：　　　组员：

表 2-1-1　识别露地冬态园林植物（枝、干、芽）信息表

序　号	植物种类	园林应用	生态习性	枝、干、芽识别要点
1	毛白杨			
2	垂柳			
3	玉兰			
4	刺槐			
5	榆树			
6	中国梧桐			
7	柿树			
8	臭椿			
9	核桃			
10	紫叶李			
11	龙爪槐			
12	山桃			
13	黄栌			
14	棣棠			
15	珍珠梅			
16	榆叶梅			
17	红瑞木			
18	连翘			
19	玫瑰			
20	紫荆			
21	黄刺玫			
22	木槿			
23	猬实			
24	碧桃			
25	迎春			
26	紫藤			

序　号	植物种类	园林应用	生态习性	枝、干、芽识别要点
27	美国凌霄			
28	金银花			
29	蔷薇			
30	地锦			

注：各小组借助教材、识别图谱、网络等完成表格的填写，并为组间交流做好准备。

表 2-1-2　识别露地冬态园林植物（枝、干、芽）检测表

成绩：

序号	植 物 名 称	序号	植 物 名 称	序号	植 物 名 称
1		11		21	
2		12		22	
3		13		23	
4		14		24	
5		15		25	
6		16		26	
7		17		27	
8		18		28	
9		19		29	
10		20		30	

注：将教师提供的 30 种园林植物枝条进行识别，并将植物名称正确地填写到相应的表格中。种类识别错误、书
　　写不工整或出现错别字均扣分。考核等极为：正确识别出 26 种植物以上为优秀；23～25 种植物为良好；18～
　　22 种为及格；低于 18 种为不及格。

表 2-1-3　识别露地冬态园林植物（枝、干、芽）考评表

评价项目	评分标准	分值	小组自评（30%）	组间互评（30%）	教师评（40%）
职业素养（30分）	提前到达学习场地，做好学习准备，积极参与整个学习活动	15		平均分：	
	服从安排，团队合作意识强	10		平均分：	
	爱护实习材料，不攀折花木	5		平均分：	
专业能力（40分）	能够利用学习资料通过小组学习在规定时间内完成信息收集任务，交流代表语言流畅，与听众有互动	10		平均分：	
	能根据植物枝、干、芽特征进行准确判别	30		平均分：	

评价项目	评分标准	分值	小组自评 (30%)	组间互评 (30%)	教师评 (40%)
理论素养 (30分)	信息收集全面，表格填写正确，字迹整齐	10			
				平均分：	
	独立通过专业理论知识检测	20			
				平均分：	
合计		100			
成绩					
否定项		由于学生不遵守实习要求而引发安全事故，伤及自己或他人，则小组此次成绩记为零			

注：考评满分为100分，85分及以上为优秀；75~84分为良好；60~74分为及格；60分以下为不及格。

识别露地冬态园林植物（枝、干、芽）课后训练

1. 从冬态上识别露地冬态园林植物一般遵循从（　　　）到局部，由表及里的原则。
2. 树皮绿色的树有（　　　）、（　　　）等，枝条黄色的如（　　　）、金枝垂柳等。
3. 枝条扭曲的如龙爪柳、（　　　）等。
4. 叶落后，叶柄在枝上留下的痕迹称为（　　　）。
5. 绝大多数树种髓为实心，有些树种如（　　　）、（　　　）等为空心髓。
6. 毛白杨是常用的行道树，绿化中应多使用（　　　）株。
7. 白玉兰常植于厅前、院后，配植海棠、迎春、牡丹、桂花，象征"（　　　　　）"。
8. 刺槐枝具（　　　），冬芽藏于枝条内。
9. 珍珠梅是优良的并适于阴地栽植的（　　　）观赏花灌木。
10. 进行园林植物冬态识别主要着眼于哪些一般特征？

任务二　识别露地冬态园林植物（果实）任务书

班级：　　　　组别：　　　　组长：　　　　组员：

表 2-1-4　识别露地冬态园林植物（果实）信息表

序　号	植物种类	园林应用	生态习性	宿存果实识别要点
1	悬铃木			
2	元宝枫			
3	国槐			

序　号	植物种类	园林应用	生态习性	宿存果实识别要点
4	栾树			
5	白蜡			
6	泡桐			
7	火炬树			
8	紫薇			
9	金银木			
10	平枝栒子			

注：各小组可借助教材、识别图谱、网络等完成表格的填写，并为组间交流做好准备。

表2-1-5　识别露地冬态园林植物（果实）检测表

成绩：

序　号	植物名称	序　号	植物名称
1		6	
2		7	
3		8	
4		9	
5		10	

注：将教师提供的10种带果实的园林植物枝条进行识别，并将植物名称正确地填写到相应的表格中。种类识别错误、书写不工整或出现错别字均扣分。考核等级：正确识别出9种植物以上为优秀；8种植物为良好；6~7种为及格；低于6种为不及格。

表2-1-6　识别露地冬态园林植物（果实）考评表

评价项目	评分标准	分值	小组自评（30%）	组间互评（30%）	教师评（40%）
职业素养（30分）	提前到达学习场地，做好学习准备，积极参与整个学习活动	15		平均分：	
	服从安排，团队合作意识强	10		平均分：	
	爱护实习材料，不攀折花木	5		平均分：	
专业能力（40分）	能够利用学习资料通过小组学习在规定时间内完成信息收集任务，交流代表语言流畅，与听众有互动	10		平均分：	
	能根据植物宿存果实特征进行准确判别	30		平均分：	

评价项目	评分标准	分值	小组自评（30%）	组间互评（30%）			教师评（40%）
理论素养（30分）	信息收集全面，表格填写正确，字迹整齐	10		平均分：			
	独立通过专业理论知识检测	20		平均分：			
合计		100					
成绩							
否定项		由于学生不遵守实习要求而引发安全事故，伤及自己或他人，则小组此次成绩记为零					

注：考评满分为100分，85分及以上为优秀；75~84分为良好；60~74分为及格；60分以下为不及格。

识别露地冬态园林植物（果实）课后训练

1. 悬铃木根据果球的数量，一球为美国梧桐，二球一串为（　　）梧桐，三球一串为（　　）梧桐。

2. 元宝枫翅果（　　），两翅展开约成直角，形似元宝。

3. 国槐树冠广阔，枝叶茂密，寿命长而又耐城市环境，因而是良好的（　　）和行道树。

4. 栾树（　　）三角状卵形，顶端尖，红褐色或橘红色，别名（　　）。

5. 白蜡翅果扁平，（　　）形。

6. 泡桐的（　　）为卵形，果皮薄而脆，宿萼（　　）。

7. 火炬树顶生直立圆锥花序，雌花序及（　　）鲜红色，形同火炬。果实9月成熟后经久不落。

8. 紫薇花色艳丽且花期极长，是极好的（　　）观花树种，也是盆栽和制作树桩盆景的好材料。

9. 金银木浆果合生，成熟时（　　）色，宿存。

10. 平枝栒子枝近水平开展，小枝黑褐色，在大枝上成整齐（　　）状，宛如蜈蚣，（　　）果红色。

项目二　识别夏态园林植物任务书

任务一　识别温室观花园林植物任务书

班级：　　　组别：　　　组长：　　　组员：

表 2-2-1　识别温室观花园林植物信息表

序　号	植物种类	园林应用	生态习性	花的识别要点
1	蝴蝶兰			
2	大花蕙兰			

序　号	植物种类	园林应用	生态习性	花的识别要点
3	火鹤			
4	君子兰			
5	长寿花			
6	水仙			
7	比利时杜鹃			
8	仙客来			
9	宝莲灯			
10	国兰			

注：各小组可借助教材、识别图谱、网络等完成表格的填写，并为组间交流做好准备。

表 2-2-2　识别温室观花园林植物检测表

成绩：

序　号	植物名称	序　号	植物名称
1		6	
2		7	
3		8	
4		9	
5		10	

注：将教师提供的 10 种温室观花园林植物盆花实物进行识别，并将植物名称正确地填写到相应的表格中。种类识别错误、书写不工整或出现错别字均扣分。考核等级：正确识别出 9 种植物以上为优秀；7 ~ 8 种植物为良好；6 种为及格；低于 6 种为不及格。

表 2-2-3　识别温室观花园林植物考评表

评价项目	评分标准	分值	小组自评（30%）	组间互评（30%）	教师评（40%）
职业素养（30分）	提前到达学习场地，做好学习准备，积极参与整个学习活动	15			
				平均分：	
	服从安排，团队合作意识强	10			
				平均分：	
	爱护实习材料，不攀折花木	5			
				平均分：	
专业能力（40分）	能够利用学习资料通过小组学习在规定时间内完成信息收集任务，交流代表语言流畅，与听众有互动	10			
				平均分：	
	能根据植物花的典型特征进行准确判别	30			
				平均分：	

评价项目	评分标准	分值	小组自评（30%）	组间互评（30%）	教师评（40%）
理论素养（30分）	信息收集全面，表格填写正确，字迹整齐	10			
			平均分：		
	独立通过专业理论知识检测	20			
			平均分：		
合计		100			
成绩					
否定项		由于学生不遵守实习要求而引发安全事故，伤及自己或他人，则小组此次成绩记为零			

注：考评满分为100分，85分及以上为优秀；75~84分为良好；60~74分为及格；60分以下为不及格。

识别温室观花园林植物课后训练

1. 温室根据室内的环境调控能力可分为节能型日光温室和（　　　）温室。

2. 年宵花大部分为（　　　）花卉，少部分为鲜切花。

3. （　　　）花色艳丽，花形优美，有"洋兰皇后"的美称。大花蕙兰是世界著名的"（　　　）"，一直深受花卉爱好者的喜爱。

4. 火鹤为佛焰苞直立平展硕大肥厚，（　　　）形，蜡质，色泽鲜艳，造型奇特。肉穗状花序无柄，呈小蜡笔状，略向外斜，上端（　　　）色，下端白色。

5. 君子兰（　　　）花序顶生，小花有柄，在花葶顶端呈两行排列，花（　　　）状，黄或橘黄色。

6. 长寿花花色丰富，（　　　）伞形花序，小花密集而鲜艳，花色有绯红、桃红、橙红、黄、白等色。

7. 水仙别名"（　　　）仙子"，为传统时令名花，尤其适宜室内水养，还可（　　　），备受欢迎。

8. 比利时杜鹃生长适温为（　　　）℃，15~25℃时花蕾发育较快，冬季温度不得低于5℃。

9. 仙客来花单生于花茎顶部，花朵下垂，花瓣向上（　　　），犹如兔耳。宝莲灯花序生于枝顶，着生（　　　）色苞片，每两层苞片之间悬吊着一簇樱桃红色的花。

10. 举例说明国兰的识别特征。

任务二　识别温室观叶园林植物任务书

班级：　　　　组别：　　　　组长：　　　　组员：

表 2-2-4　识别温室观叶园林植物信息表

序　号	植物种类	园林应用	生态习性	叶的识别要点
1	叶子花			
2	变叶木			
3	一品红			
4	富贵竹			
5	朱蕉			
6	散尾葵			
7	苏铁			
8	龟背竹			
9	海芋			
10	竹芋类			
11	观赏凤梨类			
12	幸福树			
13	金钱树			
14	元宝树			
15	常春藤			
16	龙血树			
17	金琥			
18	鸟巢蕨			
19	紫叶酢浆草			
20	铜钱草			

注：各小组可借助教材、识别图谱、网络等完成表格的填写，并为组间交流做好准备。

表 2-2-5　识别温室观叶园林植物检测表

成绩：

序　号	植物名称	序　号	植物名称
1		11	
2		12	
3		13	
4		14	
5		15	
6		16	
7		17	
8		18	
9		19	
10		20	

注：将教师提供的20种温室观叶园林植物盆花实物进行识别，并将植物名称正确地填写到相应的表格中。种类识别错误、书写不工整或出现错别字均扣分。考核等级：正确识别出18种及以上植物为优秀；16~17种植物为良好；13~15种为及格；低于12种为不及格。

表 2-2-6 识别温室观叶园林植物考评表

评价项目	评分标准	分值	小组自评(30%)	组间互评(30%)		教师评(40%)
职业素养(30分)	提前到达学习场地,做好学习准备,积极参与整个学习活动	15		平均分:		
	服从安排,团队合作意识强	10		平均分:		
	爱护实习材料,不攀折花木	5		平均分:		
专业能力(40分)	能够利用学习资料通过小组学习在规定时间内完成信息收集任务,交流代表语言流畅,与听众有互动	10		平均分:		
	能根据植物叶的特征进行准确判别	30		平均分:		
理论素养(30分)	信息收集全面,表格填写正确,字迹整齐	10		平均分:		
	独立通过专业理论知识检测	20		平均分:		
合计		100				
成绩						
否定项		由于学生不遵守实习要求而引发安全事故,伤及自己或他人,则小组此次成绩记为零				

注:考评满分为100分,85分及以上为优秀;75~84分为良好;60~74分为及格;60分以下为不及格。

识别温室观叶园林植物课后训练

1. 叶子花花期极长,( )大而美丽,色彩丰富,适宜作室内大、中型盆景观叶植物,也可以作为切花。

2. 变叶木喜暖热多湿的气候条件,极不( ),冬季不得低于18℃。

3. 一品红是典型的( )日照植物,喜阳光充足,但忌直晒。

4. 朱蕉单叶( ),常聚生茎端,披针状长椭圆形,叶片绿色或( )色。

5. 散尾葵大型( )复叶,小叶( )披针形,2列。

6. 苏铁叶丛生茎端,为大型( )叶,长可达2~3m,由数十对乃至百对以上细长小叶所组成;小叶线形,初生时( ),后向上斜展,微呈"V"字形。

7. 龟背竹具有夜间吸收二氧化碳及( )的奇特本领,常以中小盆种植,置于室内客厅、卧室和书房的一隅。

8. 海芋叶硕大,长30~90cm,( )形,主侧脉在叶背凸起,叶柄长可达1m。

9. 竹芋类和观赏凤梨类具有美丽动人的叶,生长茂密,又具( )能力,是理想的室内绿化植物。幸福树2回至3回( )复叶,金钱树叶柄基部( ),木质化。

10. 举例说明适合布置在卧室的观叶植物,并说明适合的理由。

任务三 识别露地夏态常绿园林植物任务书

班级：　　　　组别：　　　　组长：　　　　组员：

表 2-2-7 识别露地夏态常绿园林植物信息表

序　　号	植物种类	园林应用	生态习性	叶的识别要点
1	油松			
2	白皮松			
3	华山松			
4	雪松			
5	云杉			
6	侧柏			
7	桧柏			
8	龙柏			
9	砂地柏			
10	大叶黄杨			

注：各小组可借助教材、识别图谱、网络等完成表格的填写，并为组间交流做好准备。

表 2-2-8 识别露地夏态常绿园林植物检测表

成绩：

序　　号	植 物 名 称	序　　号	植 物 名 称
1		6	
2		7	
3		8	
4		9	
5		10	

注：将教师提供的 10 种露地夏态常绿园林植物枝条实物进行识别，并将植物名称正确地填写到相应的表格中。
种类识别错误、书写不工整或出现错别字均扣分。考核等级：正确识别出 9 种及以上植物为优秀；8 种植物
为良好；6~7 种为及格；低于 6 种为不及格。

表 2-2-9 识别露地夏态常绿园林植物考评表

评价项目	评分标准	分值	小组自评（30%）	组间互评（30%）	教师评（40%）
职业素养（30分）	提前到达学习场地，做好学习准备，积极参与整个学习活动	15			
				平均分：	
	服从安排，团队合作意识强	10			
				平均分：	
	爱护实习材料，不攀折花木	5			
				平均分：	

（续）

评价项目	评分标准	分值	小组自评(30%)	组间互评(30%)	教师评(40%)
专业能力（40分）	能够利用学习资料通过小组学习在规定时间内完成信息收集任务，交流代表语言流畅，与听众有互动	10		平均分：	
	能根据植物叶的特征进行准确判别	30		平均分：	
理论素养（30分）	信息收集全面，表格填写正确，字迹整齐	10		平均分：	
	独立通过专业理论知识检测	20		平均分：	
合计		100			
成绩					
否定项	由于学生不遵守实习要求而引发安全事故，伤及自己或他人，则小组此次成绩记为零				

注：考评满分为100分，85分及以上为优秀；75～84分为良好；60～74分为及格；60分以下为不及格。

识别露地夏态常绿园林植物课后训练

1. 油松叶（　　）针一束，白皮松叶（　　）针一束，（　　）叶5针一束。

2. 华山松不耐盐碱土，耐瘠薄能力不如（　　）、白皮松，对（　　）抗性较强，在北方抗性超过油松。

3. 雪松在短枝上（　　）生，在长枝上稀疏互生。

4. 云杉树形端正优美，冬季圣诞节前后，多置放在饭店、宾馆和一些家庭中作（　　）装饰。

5. 侧柏小枝片直立，叶全部为（　　）形，对生。

6. 桧柏叶（　　）型，对多种有害气体有一定抗性，是针叶树中对（　　）和氟化氢抗性较强的树种。

7. 龙柏枝条向上直展，常有扭转上升之势，小枝密。叶全部为（　　）形，密生，幼嫩时淡黄绿，后呈翠绿色。

8. 砂地柏在园林绿化中，为广泛应用的优良常绿灌木，也常密集栽培作（　　）植物，形成群体景观。

9. 大叶黄杨在园林中有哪些应用形式？

10. 北京地区常见的常绿园林植物有哪些种类？

23

任务四　识别露地夏态早春观花园林植物任务书

班级：　　　　组别：　　　　组长：　　　　组员：

表 2-2-10　识别露地夏态早春观花园林植物信息表

序　　号	植物种类	花的识别要点
1	山桃	
2	迎春	
3	连翘	
4	玉兰	
5	榆叶梅	
6	碧桃	
7	牡丹	
8	樱花	
9	紫藤	
10	二月兰	

注：各小组借助教材、识别图谱、网络等完成表格的填写，并为组间交流做好准备。

表 2-2-11　识别露地夏态早春观花园林植物检测表

成绩：

序　　号	植物名称	序　　号	植物名称
1		6	
2		7	
3		8	
4		9	
5		10	

注：将教师提供的 10 种露地夏态早春观花园林植物枝条实物进行识别，并将植物名称正确地填写到相应的表格中。种类识别错误、书写不工整或出现错别字均扣分。考核等级：正确识别出 9 种及以上植物为优秀；8 种植物为良好；6~7 种为及格；低于 6 种为不及格。

表 2-2-12　识别露地夏态早春观花园林植物考评表

评价项目	评分标准	分值	小组自评（30%）		组间互评（30%）		教师评（40%）
职业素养（30分）	提前到达学习场地，做好学习准备，积极参与整个学习活动	15		平均分：			
	服从安排，团队合作意识强	10		平均分：			
	爱护实习材料，不攀折花木	5		平均分：			

评价项目	评分标准	分值	小组自评（30%）	组间互评（30%）		教师评（40%）
专业能力（40分）	能够利用学习资料通过小组学习在规定时间内完成信息收集任务，交流代表语言流畅，与听众有互动	10				
				平均分：		
	能根据植物花的特征进行准确判别	30				
				平均分：		
理论素养（30分）	信息收集全面，表格填写正确，字迹整齐	10				
				平均分：		
	独立通过专业理论知识检测	20				
				平均分：		
合计		100				
成绩						
否定项		由于学生不遵守实习要求而引发安全事故，伤及自己或他人，则小组此次成绩记为零				

注：考评满分为100分，85分及以上为优秀；75~84分为良好；60~74分为及格；60分以下为不及格。

识别露地夏态早春观花园林植物课后训练

1. 山桃花（　　）生，先于叶开放，花瓣（　　）色，先端圆钝。

2. 迎春花单生于叶腋间，花冠（　　）状，鲜黄色。

3. 连翘花1~3朵腋生，花冠（　　）色，裂片4，花萼4深裂，萼片长椭圆形，与花冠筒等长。

4. 玉兰花碧白色，花被9片，（　　）状，芳香。

5. 榆叶梅花1~2朵腋生，花瓣（　　）色，径2~3cm。

6. 碧桃花白色、粉红、大红色，花期（　　）月，先叶开放。

7. （　　）花的颜色有白、黄、粉、红、紫红、紫、墨紫（黑）、雪青（粉蓝）、绿、复色十大色，雄雌蕊常有瓣化现象。

8. 樱花每支有3~5朵，（　　）花序，花期4月，与叶同时开放。

9. 紫藤总状花序发自一年短枝的腋芽或顶芽，花冠（　　）色，旗瓣圆形，（　　）长圆形，龙骨瓣较翼瓣短，阔镰形。

10. 为什么说二月兰是重要的早春观花地被植物？

任务五　识别露地夏态落叶园林植物任务书

班级：　　　组别：　　　组长：　　　组员：

表 2-2-13　识别露地夏态落叶园林植物信息表

序　号	植物种类	叶、花、果的识别要点
1		
2		
3		
4		
5		
6		
7		
8		
9		
10		
11		
12		
13		
14		
15		
16		
17		
18		
19		
20		
21		
22		
23		
24		
25		
26		
27		
28		
29		

序 号	植物种类	叶、花、果的识别要点
30		
31		
32		
33		
34		
35		
36		
37		
38		
39		
40		
41		
42		
43		
44		
45		
46		
47		
48		
49		
50		
51		
52		
53		
54		
55		
56		
57		
58		
59		
60		

注：各小组可借助教材、识别图谱、网络等完成表格的填写，并为组间交流做好准备。

表 2-2-14　识别露地夏态落叶园林植物检测表

成绩：

序　号	植物名称	序　号	植物名称	序　号	植物名称	序　号	植物名称
1		16		31		46	
2		17		32		47	
3		18		33		48	
4		19		34		49	
5		20		35		50	
6		21		36		51	
7		22		37		52	
8		23		38		53	
9		24		39		54	
10		25		40		55	
11		26		41		56	
12		27		42		57	
13		28		43		58	
14		29		44		59	
15		30		45		60	

注：将教师提供的60种露地夏态落叶园林植物枝条实物进行识别，并将植物名称正确地填写到相应的表格中。种类识别错误、书写不工整或出现错别字均扣分。考核等级：正确识别出54种及以上植物为优秀；48~53种植物为良好；36~47种为及格；低于36种为不及格。

表 2-2-15　识别露地夏态落叶园林植物考评表

评价项目	评分标准	分值	小组自评（30%）		组间互评（30%）		教师评（40%）
职业素养（30分）	提前到达学习场地，做好学习准备，积极参与整个学习活动	15				平均分：	
	服从安排，团队合作意识强	10				平均分：	
	爱护实习材料，不攀折花木	5				平均分：	
专业能力（40分）	能够利用学习资料通过小组学习在规定时间内完成信息收集任务，交流代表语言流畅，与听众有互动	10				平均分：	
	能根据植物叶、花、果的特征进行准确判别	30				平均分：	

28

评价项目	评分标准	分值	小组自评（30%）	组间互评（30%）	教师评（40%）
理论素养（30分）	信息收集全面，表格填写正确，字迹整齐	10			
				平均分：	
	独立通过专业理论知识检测	20			
				平均分：	
合计		100			
成绩					
否定项		由于学生不遵守实习要求而引发安全事故，伤及自己或他人，则小组此次成绩记为零			

注：考评满分为100分，85分及以上为优秀；75～84分为良好；60～74分为及格；60分以下为不及格。

识别露地夏态落叶园林植物课后训练

1. 七叶树为掌状复叶对生，小叶（　　　　）片，长椭圆形或倒卵状长椭圆形。（　　　　）花序呈圆柱状，顶生。

2. 构树的果为球形（　　　）果，（　　　）色或鲜红色。

3. 垂丝海棠的嫩枝、嫩叶均带（　　　）色，（　　　）花序，具花4～6朵，花梗细弱，长2～4cm，（　　　　　），有稀疏柔毛，紫色。

4. 水栒子花果繁多而色艳如火，宜（　　　　）于草坪边缘及园路转角处。

5. 小紫珠与紫珠主要区别是小枝带（　　　）色，聚伞花序总柄长是叶柄长的（　　　）倍。

6. 金叶女贞性喜光，耐阴性较差，必须栽植于（　　　　　）处才能发挥其观叶的效果；耐修剪，对（　　　　）和氯气抗性较强。

7. 金焰绣线菊叶色有丰富的季相变化，（　　　）色新叶，（　　　）色叶片和冬季红叶颇具感染力。花期（　　　），花量多，是珍贵的花叶俱佳的新优园林绿化树种。

8. 月季目前广为栽培的品种分为以下几个系统：杂种香水月季、（　　　　）月季、（　　　）月季、（　　　）月季、（　　　）月季和地被月季。

9. 举例说明适合在水边布置的落叶园林植物树种的观赏特性。

10. 举例说明中国特有珍稀落叶园林植物树种的观赏特性。

学习单元三 监测园林植物任务书

项目一 观测光照对植物生长的影响任务书

任务一 观测光照对一串红生长的影响任务书

班级： 组别： 组长： 组员：

表3-1-1 观测光照对一串红生长的影响记录表

观 测 时 间		观 测 地 点	
观测现象描述			
主要观点			
补救方法措施			
观察记录	7 天后		
	14 天后		
	21 天后		
	28 天后		
	40 天后		
结论			

表 3-1-2 测定光照强度评价标准

序 号	考核项目	考 核 要 点	分 值	得 分
1	开始	按键使用正确，测量点选择适当	20	
2	选量程	量程选择合适	15	
3	读数	读数正确	15	
4	关电源	测量完毕，及时关闭电源	10	
5	记录表	填写记录完整、及时	10	
6	安全操作	正确使用照度计，平拿测量	10	
7	职业素养	测量完毕，及时清理，收拾入盒，放合适的地方保存	20	
		合计	100	
总体评价				

表 3-1-3 观测光照对一串红生长的影响考评表

评价项目	评分标准	分值	小组自评（30%）	组间互评（30%）	教师评（40%）
职业素养（30分）	提前到达学习场地，做好学习准备，积极参与整个学习活动	15		平均分：	
	服从安排，团队合作意识强	10		平均分：	
	成本意识强，爱护实习材料，安全规范使用工具，做到完工清场	5		平均分：	
专业能力（40分）	能够利用学习资料通过小组学习在规定时间内完成任务	10		平均分：	
	交流思路连贯，并使用专业术语	10		平均分：	
	补救方法选择合理，操作过程符合操作要求	20		平均分：	
理论素养（30分）	表格填写规范，原因分析准确	10		平均分：	
	独立通过专业理论知识检测	20		平均分：	
	合计	100			
	成绩				
	否定项	由于学生不遵守实习要求而引发安全事故，伤及自己或他人，则小组此次成绩记为零			

注：考评满分为100分，85分及以上为优秀；75～84分为良好；60～74分为及格；60分以下为不及格。

观测光照对一串红生长的影响课后训练

1. 人们把地球上的绿色植物比作庞大的"（   ）"。

2. 如果没有（　　　　　），不但工厂里的生产不能进行，就连生物自身都无法生活下去。

3. 叶绿体是植物进行光合作用的（　　　　　）。

4. 一般情况下，光合作用的强度与光照强度成正相关。但当光照强度达到一定强度时，光照强度再增加，光合作用也（　　　　　），这时的光照强度称（　　　　　）。

5. 一串红属于（　　　　）植物。

6. 植物所需要的最低光照强度必须（　　　　　）光补偿点。

7. 一切绿色植物必须在（　　　　）下才能进行光合作用。

8. 光照过强会引起（　　　　　）。

9. 光是叶绿素形成的必要条件。生长在黑暗中的植物，绝大多数均呈黄白色，见光后很快转变成（　　　　　），这就是由于在黑暗形成的原叶绿素（　　　　　），在光下转变为叶绿素的结果。

10. 简述光照强度的测定方法。

任务二　观测光照对玉簪生长的影响任务书

班级：　　　　　组别：　　　　　组长：　　　　　组员：

表 3-1-4　观测光照对玉簪生长的影响记录表

观 测 时 间		观 测 地 点	
观测现象描述			
主要观点			
补救方法措施			
观察记录	7 天后		
	14 天后		
	21 天后		
	28 天后		
	40 天后		
结论			

表 3-1-5　观测光照对玉簪生长的影响考评表

评价项目	评分标准	分值	小组自评（30%）		组间互评（30%）		教师评（40%）
职业素养（30分）	提前到达学习场地，做好学习准备，积极参与整个学习活动	15					
				平均分：			
	服从安排，团队合作意识强	10					
				平均分：			
	成本意识强，爱护实习材料，安全规范使用工具，做到完工清场	5					
				平均分：			
专业能力（40分）	能够利用学习资料通过小组学习在规定时间内完成任务	10					
				平均分：			
	交流思路连贯，使用专业术语	10					
				平均分：			
	补救方法选择合理，操作过程符合操作要求	20					
				平均分：			
理论素养（30分）	表格填写规范，原因分析准确	10					
				平均分：			
	独立通过专业理论知识检测	20					
				平均分：			
合计		100					
成绩							
否定项	由于学生不遵守实习要求而引发安全事故，伤及自己或他人，则小组此次成绩记为零						

注：考评满分为100分，85分及以上为优秀；75～84分为良好；60～74分为及格；60分以下为不及格。

观测光照对玉簪生长的影响课后训练

1. 玉簪是一种典型的（　　　　）植物，既可观叶又可观花。

2. 因玉簪喜阴，宜种植在树林下、建筑物北侧，或不受（　　　　）的隐蔽处，切忌种植在向阳处。

3. 根据植物对光照强度的适应程度，把植物分为三种类型，即喜光植物、（　　　　）、中性植物。

4. 喜光植物指只能在充足的（　　　　）条件下才能正常生长发育的植物，这类植物不（　　　　），在弱光条件下生长发育不良，喜光植物需光量一般为全日照的70%以上，如（　　　　）。

5. 阴生植物指在（　　　　）条件下能正常生长发育或在弱光下比强光下生长得好的植物，这类植物具有较高的（　　　　）能力，如（　　　　）。

6. 中性植物指介于（　　　　）与阴生植物之间，一般对光的适应幅度较大，在全日照下生长良好，也能忍耐适当的庇荫。如（　　　　）。

7. 长日照植物指植物每天需要的光照时数在（　　　　　）小时以上，才能形成花芽开花的植物，如梅花、碧桃、榆叶梅等。

8. 短日照植物指植物每天需要的光照时数在（　　　　　）小时以下，才能形成花芽开花的植物，如一品红、一串红、菊花等。

9. 植物对光强的生态适应性在园林植物的育苗生产及栽培中有着重要的意义，对阴生植物和耐阴性强的植物在栽培生产过程中，采用（　　　　　）手段。

10. 叶片是植物接受光照进行光合作用的器官，在形态结构、生理特征上受光的影响最大，对光有较强的适应性，由于叶长期处于光照强度不同的环境中，其在形态结构、生理特征上往往产生适应光的变异，称为（　　　　　）。

项目二　观测水分对植物生长的影响任务书

任务一　观测干旱对月季和银杏生长的影响任务书

班级：　　　　组别：　　　　组长：　　　　组员：

表 3-2-1　观测干旱对月季和银杏生长的影响记录表

观测时间		观测地点	
观测现象描述			
主要观点			
补救方法措施			
观察记录	3 天后		
	7 天后		
	14 天后		
	21 天后		
	28 天后		
结论			

表 3-2-2　观测干旱对月季和银杏生长的影响考评表

评价项目	评分标准	分值	小组自评（30%）	组间互评（30%）		教师评（40%）
职业素养（30分）	提前到达学习场地，做好学习准备，积极参与整个学习活动	15				
				平均分：		
	服从安排，团队合作意识强	10				
				平均分：		
	成本意识强，爱护实习材料，安全规范使用工具，做到完工清场	5				
				平均分：		
专业能力（40分）	能够利用学习资料通过小组学习在规定时间内完成任务	10				
				平均分：		
	交流思路连贯，使用专业术语	10				
				平均分：		
	补救方法选择合理，操作过程符合操作要求	20				
				平均分：		
理论素养（30分）	表格填写规范，原因分析准确	10				
				平均分：		
	独立通过专业理论知识检测	20				
				平均分：		
合计		100				
成绩						
否定项			由于学生不遵守实习要求而引发安全事故，伤及自己或他人，则小组此次成绩记为零			

注：考评满分为100分，85分及以上为优秀；75～84分为良好；60～74分为及格；60分以下为不及格。

观测干旱对月季和银杏生长的影响课后训练

1. 水是（　　　）作用、（　　　）作用和水解反应等一些代谢过程的原料。

2. 根是植物的主要吸水器官。吸水的部位主要是（　　　）的幼嫩部分，以根毛区的表皮细胞吸水功能最为活跃。

3. 植物细胞吸水基本上有两种方式，即吸胀作用吸水和（　　　）吸水。根系吸水并使水分沿导管上升的动力，主要有根压和（　　　）两种。

4. 植物体以气体状态向外界大气散失水分的过程，叫做（　　　）作用。

5. 蒸腾作用的强弱受大气湿度影响极大，大气湿度越小，蒸腾作用越（　　　）。

6. 植物对水分亏缺反应最敏感的时期，叫做（　　　）期。在生产实践中，决定灌溉时期与灌溉量最直接的依据是植物自身的生长发育状况及水分亏缺的指标，即（　　　）指标和生理指标。

7. 干旱的类型分为三种，即（　　　）干旱、（　　　）干旱和生理干旱。

8. 月季对水分的要求是（　　　）、怕积水，银杏则是（　　　）、不耐涝的特点。

9. 影响根系吸水的环境条件有哪些?

10. 缓解旱害的措施有哪些?

任务二　观测水涝对一串红生长的影响任务书

班级：　　　组别：　　　组长：　　　组员：

表 3-2-3　观测水涝对一串红生长的影响记录表

观 测 时 间		观 测 地 点	
观测现象描述			
主要观点			
补救方法措施			
观察记录	3 天后		
	7 天后		
	14 天后		
	21 天后		
	28 天后		
结论			

表 3-2-4　观测水涝对一串红生长的影响考评表

评价项目	评分标准	分值	小组自评（30%）	组间互评（30%）	教师评（40%）
职业素养（30分）	提前到达学习场地，做好学习准备，积极参与整个学习活动	15			
				平均分：	
	服从安排，团队合作意识强	10			
				平均分：	
	成本意识强，爱护实习材料，安全规范使用工具，做到完工清场	5			
				平均分：	
专业能力（40分）	能够利用学习资料通过小组学习在规定时间内完成任务	10			
				平均分：	
	交流思路连贯，使用专业术语	10			
				平均分：	
	补救方法选择合理，操作过程符合操作要求	20			
				平均分：	
理论素养（30分）	表格填写规范，原因分析准确	10			
				平均分：	
	独立通过专业理论知识检测	20			
				平均分：	
合计		100			
成绩					
否定项		由于学生不遵守实习要求而引发安全事故，伤及自己或他人，则小组此次成绩记为零			

注：考评满分为100分，85分及以上为优秀；75~84分为良好；60~74分为及格；60分以下为不及格。

观测水涝对一串红生长的影响课后训练

1. 植物的地上部分被淹，则（　　　　）作用受到抑制，植物受涝害的表现为叶片（　　　　　　　　　　　　），接着枯黄脱落，根系渐渐（　　　　），腐烂发臭，整个植物不久便枯死。

2. 植物涝害的发生，主导因素是（　　　）。

3. 植物对积水或土壤过湿的（　　　　）与抵抗能力，叫做植物的抗涝性。

4. 植物从地上部分向（　　）供应氧的能力的大小，是抗涝性不同的主要原因。

5. 抗涝性弱的植物，一般都是生长在排水良好的地区，如（　　　　）、（　　　　）、（　　　）等。

6. 一串红生长水分要求保持在田间持水量的（　　　　）左右，太小易落叶落花，太大易烂根烂叶。

7. 一般抗涝性中等的植物，主要是（　　　　）期和衰老期容易受涝害。

8. 对于地栽植物的涝害，除修建防涝水利工程外，对受涝植物应及时（　　　）抢救，争取植物顶部及早露出水面，使之不至（　　　　）而死。

9. 盆栽花卉发生涝害如何进行补救？

10. 对于发生涝害的植物如何加强管理措施促其恢复生长？

项目三　观测温度对植物生长的影响任务书

任务一　观测冬季升温对一品红生长的影响任务书

班级：　　　　组别：　　　　组长：　　　　组员：

表 3-3-1　观测冬季升温对一品红生长的影响记录表

观 测 时 间		观 测 地 点	
观测现象描述			
主要观点			
补救方法措施			
观察记录	7 天后		
	14 天后		
	21 天后		
	28 天后		
	40 天后		
结论			

表 3-3-2　测定温室内温度评价表

序　号	考核项目	考核要点	分　值	得　分
1	当前温度	读数方法正确	20	
2	最高温度	读数准确	20	
3	最低温度	读数准确	20	
4	温度记录表	填写记录完整	10	
5	安全操作	正确使用温度计，轻抚着读数	15	
6	职业素养	读取温度后，温度计慢慢回归垂直放置，不可撞击或振动	15	
		合计	100	
总体评价（描述）				

表 3-3-3　温度记录表（温度单位：℃）

_____年___月　　　　　　　　　　　　　　　　　　　记录人_____

地　点	最　高	最　低	当时温度	具体时间

表 3-3-4　观测冬季升温对一品红生长的影响考评表

评价项目	评分标准	分值	小组自评（30%）	组间互评（30%）	教师评（40%）
职业素养（30分）	提前到达学习场地，做好学习准备，积极参与整个学习活动	15		平均分：	
	服从安排，团队合作意识强	10		平均分：	
	成本意识强，爱护实习材料，安全规范使用工具，做到完工清场	5		平均分：	
专业能力（40分）	能够利用学习资料通过小组学习在规定时间内完成任务	10		平均分：	
	交流思路连贯，使用专业术语	10		平均分：	
	补救方法选择合理，操作过程符合操作要求	20		平均分：	

评价项目	评分标准	分值	小组自评（30%）	组间互评（30%）	教师评（40%）
理论素养（30分）	表格填写规范，原因分析准确	10		平均分：	
	独立通过专业理论知识检测	20		平均分：	
合计		100			
成绩					
否定项		由于学生不遵守实习要求而引发安全事故，伤及自己或他人，则小组此次成绩记为零			

注：考评满分为100分，85分及以上为优秀；75～84分为良好；60～74分为及格；60分以下为不及格。

观测冬季升温对一品红生长的影响课后训练

1. 一品红是典型的短日照植物，在生长过程中对温度的要求比较（　　　　　）。

2. 植物对温度的要求，是植物在系统发育过程中，对温度条件长期（　　　　　）的结果。

3. 0℃以下的低温对植物的伤害，称为（　　　　　）。

4. 0℃以上的低温对植物的伤害叫做（　　　　　），也称冷害。

5. 温室花卉多起源于南方，必须在（　　　　　）方可安全越冬。

6. 依据植物对温度的要求，将植物分为耐寒植物、（　　　　　）、中性植物。

7. 结冰冻害的类型主要有细胞间结冰伤害和（　　　　　）。

8. 秋寒和（　　　　　）常常是引起植物寒害的原因。

9. 通常温度下降的时候，细胞间隙的水分结成冰，即所谓（　　　　　）。

10. 低温导致一品红节间（　　　　　）、生长（　　　　　），部分植株叶片变黄或枯萎，甚至产生冻害。

任务二　观测夏季降温对百合生长的影响任务书

班级：　　　　　组别：　　　　　组长：　　　　　组员：

表3-3-5　观测夏季降温对百合生长的影响记录表

观测时间		观测地点	
观测现象描述			
主要观点			

调控方法措施		
观察记录	7 天后	
	14 天后	
	21 天后	
	28 天后	
	40 天后	
结论		

表 3-3-6　观测夏季降温对百合生长的影响考评表

评价项目	评分标准	分值	小组自评（30%）	组间互评（30%）		教师评（40%）
职业素养（30 分）	提前到达学习场地，做好学习准备，积极参与整个学习活动	15			平均分：	
	服从安排，团队合作意识强	10			平均分：	
	成本意识强，爱护实习材料，安全规范使用工具，做到完工清场	5			平均分：	
专业能力（40 分）	能够利用学习资料通过小组学习在规定时间内完成任务	10			平均分：	
	交流思路连贯，使用专业术语	10			平均分：	
	补救方法选择合理，操作过程符合操作要求	20			平均分：	
理论素养（30 分）	表格填写规范，原因分析准确	10			平均分：	
	独立通过专业理论知识检测	20			平均分：	
合计		100				
成绩						
否定项		由于学生不遵守实习要求而引发安全事故，伤及自己或他人，则小组此次成绩记为零				

注：考评满分为 100 分，85 分及以上为优秀；75~84 分为良好；60~74 分为及格；60 分以下为不及格。

观测夏季降温对百合生长的影响课后训练

1. 百合在温度高的情况下表现为（　　　　　　）长、茎秆（　　　　　　）、花苞数量（　　　　）而且小等症状。

2. 百合是喜（　　　　　　）的植物。

3. 有些植物必须要经过一定的低温才能形成花芽，才能开花，我们把这种作用叫（　　　　　　）。

4. 百合白天要求的生长温度为（　　　　　　），夜间要求的生长温度为（　　　　　）。

5. 植物根系吸收水分的量随着土壤温度的增加而（　　　　　　　）。

6. 白天适当高温有利于植物增强（　　　　　　），夜间适当低温利于减弱呼吸消耗。

7. 100朵百合的花语是（　　　　　）的爱，白头偕老，百年（　　　　　　）。

8. 接受春化作用的器官是（　　　　　）的生长点，就是说春化作用限于在尖端的分生组织。

9. 对百合进行遮阳，一般是早晨（　　　　　）左右到下午（　　　　　）左右，方法是将温室上面的遮阳网拉上，避免阳光直射，达到室内降温的作用。

10. 对百合的叶面进行喷水，主要是降低叶面（　　　　　　）。

项目四　观测施肥对植物生长的影响任务书

任务一　观测施肥对一串红生长的影响任务书

班级：　　　　　组别：　　　　　组长：　　　　　组员：

表3-4-1　观测施肥对一串红生长的影响记录表

观测时间		观测地点	
观测现象描述			
主要观点			
补救方法措施			
观察记录	7天后		
	14天后		
	21天后		
	28天后		
结论			

表 3-4-2　观测施肥对一串红生长的影响考评表

评价项目	评分标准	分值	小组自评（30%）	组间互评（30%）		教师评（40%）
职业素养（30分）	提前到达学习场地，做好学习准备，积极参与整个学习活动	15				
				平均分：		
	服从安排，团队合作意识强	10				
				平均分：		
	成本意识强，爱护实习材料，安全规范使用工具，做到完工清场	5				
				平均分：		
专业能力（40分）	能够利用学习资料通过小组学习在规定时间内完成任务	10				
				平均分：		
	交流思路连贯，使用专业术语	10				
				平均分：		
	补救方法选择合理，操作过程符合操作要求	20				
				平均分：		
理论素养（30分）	表格填写规范，原因分析准确	10				
				平均分：		
	独立通过专业理论知识检测	20				
				平均分：		
合计		100				
成绩						
否定项		由于学生不遵守实习要求而引发安全事故，伤及自己或他人，则小组此次成绩记为零				

注：考评满分为 100 分，85 分及以上为优秀；75 ~ 84 分为良好；60 ~ 74 分为及格；60 分以下为不及格。

观测施肥对一串红生长的影响课后训练

1. 植物的必需元素有（　　　）种。据它们在植物体内的含量多少，将它们分成（　　　）元素和微量元素，如（　　　）、（　　　）、（　　　）等。

2. 在植物必需元素中，除 C、H、O 以外，其他 13 种主要是由根系从土壤中吸收的元素，被称为植物必需的（　　　）元素。

3. 植株缺氮症状为叶片（　　　），主要出现在老叶上。植株缺钙症状为植株矮小，组织紧硬；（　　　）坏死，嫩叶初呈钩状，后从叶尖和叶缘开始向内死亡；（　　　）或少结实，主要出现在（　　　）叶上。

4. 根系吸收无机盐的部位主要是（　　　）部分。根毛区是根尖吸收离子最活跃的区域。

5. 根吸收无机盐的方式有（　　　）吸收和主动吸收，（　　　）吸收是植物根系吸收矿质元素的主要形式。

6. N、P、K、Mg（　　　）再次利用，它的缺乏病症先从老叶开始。Ca、Fe（　　　）再次利用，故此类元素的缺乏病症首先在（　　　　　　）和幼叶出现。

7. 不同植物对各种肥料的需求量是不同的。观叶植物要多施（　　）肥，观花、观果植物要偏多施磷、钾肥，才能使植物早熟而早开花结果，同时也使花果颜色更加鲜艳。

8. 目前一般采用土壤分析和（　　　　）分析的方法确定植物的营养状况，从而确定施肥措施。

9. 影响矿质元素吸收的外界条件有哪些？

10. 发挥和提高肥力的措施有哪些？

任务二　观测施铁肥对水培富贵竹生长的影响任务书

班级：　　　　　组别：　　　　组长：　　　　组员：

表 3-4-3　观测施铁肥对水培富贵竹生长的影响记录表

观 测 时 间		观 测 地 点	
观测现象描述			
主要观点			
补救方法措施			
观察记录	7 天后		
	14 天后		
	21 天后		
	28 天后		
结论			

表 3-4-4　观测施铁肥对水培富贵竹生长的影响考评表

评价项目	评分标准	分值	小组自评（30%）	组间互评（30%）			教师评（40%）
职业素养（30分）	提前到达学习场地，做好学习准备，积极参与整个学习活动	15					
				平均分：			
	服从安排，团队合作意识强	10					
				平均分：			
	成本意识强，爱护实习材料，安全规范使用工具，做到完工清场	5					
				平均分：			
专业能力（40分）	能够利用学习资料通过小组学习在规定时间内完成任务	10					
				平均分：			
	交流思路连贯，使用专业术语	10					
				平均分：			
	补救方法选择合理，操作过程符合操作要求	20					
				平均分：			
理论素养（30分）	表格填写规范，原因分析准确	10					
				平均分：			
	独立通过专业理论知识检测	20					
				平均分：			
合计		100					
成绩							
否定项		由于学生不遵守实习要求而引发安全事故，伤及自己或他人，则小组此次成绩记为零					

注：考评满分为100分，85分及以上为优秀；75～84分为良好；60～74分为及格；60分以下为不及格。

观测施铁肥对水培富贵竹生长的影响课后训练

1. 水养富贵竹生根后，要及时施入少量（　　）化肥，则叶片油绿，枝干粗壮。如果长期不施肥，则植株生长瘦弱，叶片容易（　　）。

2. 缺铁首先在（　　）叶先表现症状，主脉（　　）色，茎短而细。

3. 缺锌叶片（　　）化，多出现褐斑，组织坏死；叶小（　　）生，节间变短，植株矮小。

4. 缺铜幼叶失绿黄化，叶尖发（　　）、扭曲，（　　），常有斑点。

5. 缺钼老叶的叶脉间失绿，后扩展至幼叶，从脉间开始坏死；叶缘（　　），向内卷曲。

6. 硼能促进花粉粒的萌发和花粉管的伸长，与植物的（　　）有密切关系，缺硼生长点易死亡，叶片（　　）、皱缩、加厚，茎秆易开裂，（　　）。

7. 水培常用的铁肥种类有无机铁肥和（　　）铁肥，生产上使用无机铁肥以（　　）为主。

8. 叶面施肥是最常用的校正植物（　　）元素的高效方法，叶面喷施铁肥的时间一般选在晴朗无风天气，在上午（　　）以后为宜。

9. 常用喷施尿素的喷施浓度为（   ）%，硫酸亚铁喷施浓度为（   ）%。

10. 简要说明本组使用铁肥纠正富贵竹缺铁的过程。

任务三　观测温室增加二氧化碳浓度对草莓生长的影响任务书

班级：　　　　组别：　　　　组长：　　　　组员：

表 3-4-5　观测温室增加二氧化碳浓度对草莓生长的影响记录表

观 测 时 间		观 测 地 点	
观测现象描述			
主要观点			
补救方法措施			
观察记录	3 天后		
	7 天后		
	14 天后		
	21 天后		
	28 天后		
结论			

表 3-4-6　观测温室增加二氧化碳浓度对草莓生长的影响考评表

评价项目	评分标准	分值	小组自评（30%）	组间互评（30%）	教师评（40%）
职业素养（30分）	提前到达学习场地，做好学习准备，积极参与整个学习活动	15		平均分：	
	服从安排，团队合作意识强	10		平均分：	
	成本意识强，爱护实习材料，安全规范使用工具，做到完工清场	5		平均分：	

评价项目	评分标准	分值	小组自评（30%）		组间互评（30%）		教师评（40%）
专业能力（40分）	能够利用学习资料通过小组学习在规定时间内完成任务	10					
			平均分：				
	交流思路连贯，使用专业术语	10					
			平均分：				
	补救方法选择合理，操作过程符合操作要求	20					
			平均分：				
理论素养（30分）	表格填写规范，原因分析准确	10					
			平均分：				
	独立通过专业理论知识检测	20					
			平均分：				
合计		100					
成绩							
否定项		由于学生不遵守实习要求而引发安全事故，伤及自己或他人，则小组此次成绩记为零					

注：考评满分为100分，85分及以上为优秀；75～84分为良好；60～74分为及格；60分以下为不及格。

观测温室增加二氧化碳浓度对草莓生长的影响课后训练

1. 草莓是对（　　　）科草莓属多年生草本植物的通称，是一种营养价值高、深受人们喜爱的红色水果。

2. 草莓有匍匐枝，复叶，小叶（　　　）片，椭圆形。果为红色（　　　）浆果，外观呈心形，有特殊的浓郁水果芳香。

3. 草莓喜阳、（　　　）寒、怕干旱，忌积水，喜欢生长于湿润的环境和疏松、肥沃、排水良好的砂质土中。

4. 以二氧化碳为原料制成的肥料，称其为二氧化碳"（　　　）"，主要补充温室内二氧化碳浓度的不足，是增加（　　　）作用的原料，从而使叶片（　　　）、增大增厚。对于植株（　　　）、提高产量和含糖量有直接作用。

5. 目前市场上主要采用（　　　）式二氧化碳发生剂，在阳光照射下可自动产生二氧化碳气体，补充温室内的亏缺。

6. 植物生存的基本条件不是（　　　），而是水分、阳光和二氧化碳。

7. 设施内二氧化碳的浓度，以（　　　）前为最高，但也只有100～200mg/L，低于大气水平，因此植物非常需要及时补充二氧化碳。

8. 增施二氧化碳气肥时施用浓度与（　　　）、品种以及光线强弱、温度高低，甚至肥水都有很大关系。

9. 抓好设施内的水、肥料、（　　　）、太阳光热能四个主要因子，是提高设施经济效益的关键，以（　　　）为先导，补充二氧化碳（增长剂）为基础，调控其他因子平衡运作，才能实现优质、高产、稳产、高效益。

10. 使用二氧化碳气肥要注意哪些问题？

项目五　观测植物激素和生长调节剂对植物生长的影响任务书

任务一　观测吲哚丁酸对月季插条生根的影响任务书

班级：　　　组别：　　　组长：　　　组员：

表 3-5-1　观测吲哚丁酸对月季插条生根的影响记录表

观 测 时 间		观 测 地 点	
观测现象描述			
插条处理过程及扦插方法记录			
观察记录	10 天后		
	20 天后		
	30 天后		
	40 天后		
结论			

表 3-5-2　观测吲哚丁酸对月季插条生根的影响考评表

评价项目	评分标准	分值	小组自评 (30%)	组间互评 (30%)		教师评 (40%)
职业素养 (30分)	提前到达学习场地，做好学习准备，积极参与整个学习活动	15			平均分：	
	服从安排，团队合作意识强	10			平均分：	
	成本意识强，爱护实习材料，安全规范使用工具，做到完工清场	5			平均分：	
专业能力 (40分)	能够利用学习资料通过小组学习在规定时间内完成任务	10			平均分：	
	交流思路连贯，使用专业术语	10			平均分：	
	操作过程符合操作要求	20			平均分：	
理论素养 (30分)	表格填写规范，原因分析准确	10			平均分：	
	独立通过专业理论知识检测	20			平均分：	
合计		100				
成绩						
否定项			由于学生不遵守实习要求而引发安全事故，伤及自己或他人，则小组此次成绩记为零			

注：考评满分为 100 分，85 分及以上为优秀；75~84 分为良好；60~74 分为及格；60 分以下为不及格。

观测吲哚丁酸对月季插条生根的影响课后训练

1. 在植物生长发育过程中，除了需要水分、矿质营养和有机营养外，还需要一些由植物体内产生的、（　　　　）的、具有生理活性，能调节植物体的新陈代谢和生长发育的物质，这些物质叫植物激素。

2. 植物激素是植物体本身产生的，所以又称（　　　　）激素，随着科学技术的发展，现在已能由人工模拟植物激素的结构，合成一些能调节植物生长发育的化学物质，称为（　　　　）。由于它不是植物体所产生，所以又称外源激素。

3. 目前已发现的植物激素主要有五大类，分别是生长素、（　　　　）、（　　　　）、（　　　　）和乙烯。

4. 生长素主要生理作用是促进细胞的（　　　　）生长。

5. 脱落酸主要生理作用是抑制萌发，加速（　　　　），促进脱落。

6. 高浓度的 2,4-D 可作为除草剂，如喷洒 500~1000mg/kg 浓度可杀死（　　　　）子叶植物杂草。

7. 吲哚丁酸主要用于插条生根，可诱导根原体的形成，促进细胞分化和分裂，有利于新根生成和维管束系统的分化，促进插条（　　　　）的形成。

8. 矮壮素对于防止倒伏和（　　　　）有明显效果。

9. 吲哚丁酸常用的使用方法有哪几种？

10. 植物激素及植物生长调节剂在园林生产中有哪些应用？

任务二　观测 B_9 对案头菊矮化的影响任务书

班级：　　　　组别：　　　　组长：　　　　组员：

表 3-5-3　观测 B_9 对案头菊矮化的影响记录表

观测时间		观测地点	
观测现象描述			
矮化处理过程及方法记录			
观察记录	7 天后		
	14 天后		
	21 天后		
	28 天后		
结论			

表 3-5-4　观测 B₉ 对案头菊矮化的影响考评表

评价项目	评分标准	分值	小组自评(30%)	组间互评(30%)		教师评(40%)
职业素养(30分)	提前到达学习场地，做好学习准备，积极参与整个学习活动	15		平均分：		
	服从安排，团队合作意识强	10		平均分：		
	成本意识强，爱护实习材料，安全规范使用工具，做到完工清场	5		平均分：		
专业能力(40分)	能够利用学习资料通过小组学习在规定时间内完成任务	10		平均分：		
	交流思路连贯，使用专业术语	10		平均分：		
	操作过程符合操作要求	20		平均分：		
理论素养(30分)	表格填写规范，原因分析准确	10		平均分：		
	独立通过专业理论知识检测	20		平均分：		
合计		100				
成绩						
否定项			由于学生不遵守实习要求而引发安全事故，伤及自己或他人，则小组此次成绩记为零			

注：考评满分为 100 分，85 分及以上为优秀；75 ~ 84 分为良好；60 ~ 74 分为及格；60 分以下为不及格。

观测 B₉ 对案头菊矮化的影响课后训练

1. 案头菊是经过（　　　　）处理，在花朵直径、叶片面积等园艺指标基本保持品种原状的情况下，植株明显（　　　　）的一种盆栽艺菊。

2. 做案头菊的传统品种，宜选用大花品系，花型丰厚，（　　　　），叶片肥大舒展的（　　　）型或中生型品种，并对矮壮素等显著敏感的优良品种。

3. 一级案头菊的株高要（　　　）25cm，花序直径（　　　）15cm，冠幅大于 25cm。

4. 案头菊常规养护在 5 ~ 7 月进行（　　　　）繁殖，约（　　　　）周后生根。在现蕾前后可用肥水比例为（　　　　）的有机肥水与化肥交替施用直至开花。

5. 虽然矮壮素 CCC 也有抑制菊花植株长高的作用，但使用时稍有不慎就会出现（　　　　）。

6. 主要采用（　　　　）喷施使用 B₉ 控制案头菊高度，现蕾后高秆品种可把药涂在（　　　　）上，抑制植株增高。

7. 使用 B₉ 控制案头菊高度喷药要（　　　　），在案头菊生长过程中，过（　　　　）

天不喷药就会恢复常态生长。

8. 采用 B_9 进行叶面处理的试验表明，会使其花期比对照延缓了（　　　　）天。

9. 使用 5mg/L 的（　　　　）水溶液在花蕾生长到直径为 5mm 时进行涂抹处理（　）次，能够有效解决 B_9 处理使菊花花期后延现象。

10. 简要说明使用 B_9 处理案头菊的操作方法和注意事项。

本书全面讲述了数据库技术与 Access 2013 的应用。本书首先介绍了数据库系统的基本概念和理论，以及数据库的设计方法等。然后以 Access 数据库管理系统为教学开发平台，详细介绍了 Access 的基础知识、数据库和表的操作、SQL 结构化查询语言的设计以及 Access 的查询对象、窗体对象、报表对象、宏对象的使用，最后讲述了 VBA 程序设计和 VBA 数据库编程。

本书内容全面，结构完整，图文并茂，适用于大学本科院校、专科院校、高等职业院校、软件职业技术学院的数据库以及数据库应用课程教材，也可作为初学者学习数据库的入门教材和数据库应用系统开发人员的技术参考书，以及全国计算机等级二级（Access 数据库程序设计）考试参考用书。

本书配有电子教案，需要的教师可登录 www.cmpedu.com 免费注册，审核通过后下载，或联系编辑索取（QQ：2966938356，电话：010 - 88379739）。

图书在版编目（CIP）数据

数据库技术与 Access 2013 应用教程/程云志等编著. —2 版. —北京：机械工业出版社，2016.8
高等教育规划教材
ISBN 978-7-111-54420-3

Ⅰ. ①数… Ⅱ. ①程… Ⅲ. ①关系数据库系统 - 教材 Ⅳ. ①TP311.138

中国版本图书馆 CIP 数据核字（2016）第 174533 号

机械工业出版社（北京市百万庄大街 22 号 邮政编码 100037）
策划编辑：和庆娣 责任编辑：和庆娣
责任校对：张艳霞 责任印制：李 洋
三河市宏达印刷有限公司印刷

2016 年 8 月第 2 版·第 1 次印刷
184mm×260mm·17.75 印张·440 千字
0001－3000 册
标准书号：ISBN 978-7-111-54420-3
定价：45.00 元